上海市工程建设规范

悬挑式脚手架安全技术标准

Technical standard for safety of cantilever scaffold

DG/TJ 08—2002—2020
J 10885—2020

主编单位：上海市建工设计研究总院有限公司
　　　　　上海市建设机械检测中心有限公司
批准部门：上海市住房和城乡建设管理委员会
施行日期：2021 年 1 月 1 日

同济大学出版社

2021　上海

图书在版编目(CIP)数据

悬挑式脚手架安全技术标准/上海市建工设计研究总院有限公司,上海市建设机械检测中心有限公司主编. —上海：同济大学出版社,2021.6
 ISBN 978-7-5608-9737-0

Ⅰ.①悬… Ⅱ.①上…②上… Ⅲ.①脚手架-安全技术-技术标准 Ⅳ.①TU731.2-65

中国版本图书馆 CIP 数据核字(2021)第 109735 号

悬挑式脚手架安全技术标准

上海市建工设计研究总院有限公司
上海市建设机械检测中心有限公司 主编

策划编辑　张平官
责任编辑　朱　勇
责任校对　徐春莲
封面设计　陈益平

出版发行	同济大学出版社　www.tongjipress.com.cn
	(地址：上海市四平路 1239 号　邮编：200092　电话：021-65985622)
经　　销	全国各地新华书店
印　　刷	浦江求真印务有限公司
开　　本	889mm×1194mm　1/32
印　　张	1.625
字　　数	44 000
版　　次	2021 年 6 月第 1 版　　2021 年 6 月第 1 次印刷
书　　号	ISBN 978-7-5608-9737-0
定　　价	15.00 元

本书若有印装质量问题,请向本社发行部调换　　版权所有　侵权必究

上海市住房和城乡建设管理委员会文件

沪建标定〔2020〕420 号

上海市住房和城乡建设管理委员会
关于批准《悬挑式脚手架安全技术标准》
为上海市工程建设规范的通知

各有关单位：

由上海市建工设计研究总院有限公司和上海市建设机械检测中心有限公司主编的《悬挑式脚手架安全技术标准》，经我委审核，现批准为上海市工程建设规范，统一编号为 DG/TJ 08—2002—2020，自 2021 年 1 月 1 日起实施。原《悬挑式脚手架安全技术规程》DG/TJ 08—2002—2006 同时废止。

本规范由上海市住房和城乡建设管理委员会负责管理，上海市建工设计研究总院有限公司负责解释。

特此通知。

上海市住房和城乡建设管理委员会
二〇二〇年八月十三日

前　言

根据上海市住房和城乡建设管理委员会《关于印发〈2016年上海市工程建设规范编制计划〉的通知》（沪建管〔2015〕871号）下达的修订计划，由上海市建工设计研究总院有限公司和上海市建设机械检测中心有限公司会同有关单位对2006版标准开展修订工作。标准修订组经广泛的调查研究，认真总结实践经验，并参照国内外的相关标准和规范，在反复征求意见的基础上，完成了修订。

本标准的主要内容有：总则；术语和符号；基本规定；设计计算；结构构造；搭设、使用与拆卸；检查和验收。

本次修订的主要内容有：重点对主要悬挑结构型钢支承架的设计、构造及使用进行了规范，型钢支承架上方的脚手架形式及要求遵照其已有的相应规范；补充了悬挑式脚手架上拉构造形式及其相关要求；补充了基本规定。

各单位及相关人员在执行本标准过程中，如有意见和建议，请反馈至上海市住房和城乡建设管理委员会（地址：上海市大沽路100号；邮编：200003；E-mail：shjsbzgl@163.com），上海市建工设计研究总院有限公司（地址：上海市吴中路51号；邮编：200235），上海市建筑建材业市场管理总站（地址：上海市小木桥路683号；邮编：200032；E-mail：shgcbz@163.com），以供今后修订时参考。

主编单位：上海市建工设计研究总院有限公司
　　　　　上海市建设机械检测中心有限公司
参编单位：上海建工一建集团有限公司
　　　　　上海建工七建集团有限公司

上海市建设安全协会
上海市建设工程安全质量监督总站
上海建浩工程咨询有限公司
舜杰建设(集团)有限公司

主要起草人：施仁华　朱毅敏　季　方　刘　震　邓　阁
　　　　　　　朱　刚　张　欢　徐亚红　曾令一　陈洪帅
　　　　　　　罗玲丽　汤坤林　唐华珺　程史扬　张嘉洁
　　　　　　　蒋国根　洪　莹　吉　璇　方庆法　杨冬冬
　　　　　　　周元昊

主要审查人：王美华　向海静　周之峰　李海光　王　杰
　　　　　　　叶国强　龙莉波

上海市建筑建材业市场管理总站

目 次

1 总 则 ··· 1
2 术语和符号 ··· 2
  2.1 术 语 ·· 2
  2.2 符 号 ·· 3
3 基本规定 ·· 5
4 设计计算 ·· 7
  4.1 一般规定 ··· 7
  4.2 荷 载 ·· 7
  4.3 设计指标 ··· 9
  4.4 型钢支承架的设计计算 ·· 11
5 结构构造 ·· 14
  5.1 一般规定 ··· 14
  5.2 型钢支承架 ·· 14
  5.3 连墙件 ··· 15
  5.4 剪刀撑与斜撑 ··· 16
  5.5 防护网、脚手板、斜道和钢梯 ·································· 17
6 搭设、使用与拆卸 ·· 18
  6.1 一般规定 ··· 18
  6.2 搭 设 ·· 18
  6.3 使 用 ·· 19
  6.4 拆 卸 ·· 20

7 检查和验收	22
附录 A 悬挑式脚手架检查和验收项目、要求及方法	24
附录 B 常用悬挑式脚手架型钢支承架的几种形式及其力学模式	26
本标准用词说明	31
引用标准名录	32
条文说明	33

Contents

1 General provisions ································· 1
2 Terms and symbols ······························· 2
    2.1 Terms ··· 2
    2.2 Symbols ······································ 3
3 Basic requirements ································ 5
4 Design calculation ································· 7
    4.1 General requirements ························ 7
    4.2 Load ·· 7
    4.3 Design index ································· 9
    4.4 Design and calculation of steel support frame ······ 11
5 Structural construction ··························· 14
    5.1 General requirements ························ 14
    5.2 Steel support frame ·························· 14
    5.3 Continuous wall pole ························· 15
    5.4 Scissor brace and lateral brace ·············· 16
    5.5 Protective nets, scaffolds board, chutes and ladders
          ··· 17
6 Erection, use and dismantlement ················ 18
    6.1 General requirements ························ 18
    6.2 Erection ······································ 18
    6.3 Use ··· 19
    6.4 Dismantlement ······························· 20

7 Inspection and acceptance 22
Appendix A Cantilever scaffold of technical code inspection and acceptance items,
   requirement and methods 24
Appendix B Several forms and mechanical models of
   cantilever technical code support frames 26
Explanation of wording in this standard 31
List of quoted standards 32
Explanation of provisions 33

1 总 则

1.0.1 为规范施工用悬挑式脚手架的设计、搭设、使用、拆卸及检验,保证安全,制定本标准。

1.0.2 本标准适用于高度不大于 100 m 的新建、改建、扩建高层建筑或高耸构筑物上使用的悬挑式脚手架,每道型钢支承架上部搭设的脚手架高度不宜大于 20 m。

1.0.3 悬挑式脚手架的设计、搭设、使用、拆卸和检验,除执行本标准外,尚应符合国家、行业和本市现行有关标准的规定。

2 术语和符号

2.1 术 语

2.1.1 悬挑式脚手架 cantilever scaffold

垂直方向荷载通过底部型钢支承架传递到主体结构上的施工用脚手架。

2.1.2 型钢支承架 profiled steel bracket

悬挑式脚手架底部承受架体垂直方向荷载并将垂直方向荷载传至主体结构的型钢构件。

2.1.3 纵向钢梁 longitudinal steel beam

型钢支承架间纵向设置的钢梁。

2.1.4 底支座 bottom support

固定在型钢支承架或纵向钢梁上连接脚手架底部立杆的构件。

2.1.5 连墙件 connected anchor in wall

连接脚手架与主体结构、能传递拉力和压力的构件。

2.1.6 主节点 main connected joint

立杆、纵向水平杆、横向水平杆三杆相交的连接点。

2.1.7 脚手架高度 scaffold height

自每一挑脚手架的架体立杆底座下表面至顶部栏杆上表面之间的垂直距离。

2.2 符 号

2.2.1 作用和作用效应设计值

F——集中荷载；

H——水平力；

G——重力荷载；

M——弯矩；

V——剪力；

N——轴向力；

R——支座反力。

2.2.2 计算指标

E——钢材的弹性模量；

σ——正应力；

τ——剪应力；

λ——长细比；

f——钢材的抗拉、抗压和抗弯强度指标；

f_v——钢材的抗剪强度指标；

f_{ce}——钢材的端面承压强度指标；

N_v^c——单个扣件抗滑力指标；

f_t^w——对接焊缝的抗拉强度指标；

f_c^w——对接焊缝的抗压强度指标；

f_v^w——对接焊缝的抗剪强度指标；

f_f^w——角焊缝的抗拉、抗压和抗剪强度指标；

f_t^b——螺栓的抗拉强度指标；

f_v^b——螺栓的抗剪强度指标；

$[\lambda]$——容许长细比；

$[v]$——容许挠度值。

2.2.3 几何参数

A——截面面积;

L——跨度;

W——截面模量;

S——毛截面面积矩;

I——毛截面惯性矩;

I_n——净截面惯性矩;

t_w——腹板厚度。

2.2.4 计算系数及其他

ω_k——风荷载标准值;

μ_z——风压高度变化系数;

μ_s——风荷载体型系数;

ω_0——基本风压;

ϕ——脚手架挡风系数;

φ——稳定系数。

3 基本规定

3.0.1 悬挑式脚手架施工前应编制专项施工方案,方案应包括下列内容:
1 工程概况。
2 编制依据。
3 施工现场平面布置图。
4 型钢支承架布置图及节点详图。
5 架体平面、立面及剖面图,连墙件布置图及构造详图。
6 特殊部位(转角、洞口处等)构造详图。
7 施工计划及工艺技术、安全保证措施、人员配备和分工。
8 验收要求和日常维护。
9 应急处置。
10 计算书等。

3.0.2 悬挑式脚手架专项施工方案应经审批后方可组织实施。

3.0.3 悬挑式脚手架搭拆作业及投入使用前,应进行安全技术交底,搭拆作业人员应持证上岗。

3.0.4 悬挑式脚手架型钢支承架、上部架体及其他构配件材料进场应验收,防止不合格材料混入。

3.0.5 悬挑式脚手架搭设过程中,应分阶段进行验收,及时调整偏差和整改搭设中存在的问题。搭设完成后,应验收合格后方可投入使用。

3.0.6 悬挑式脚手架使用过程中应定期检查,发现的安全隐患应及时组织整改,整改完善后方可投入正常使用。

3.0.7 悬挑式脚手架拆除前应进行检查,发现影响拆除安全的问题应及时组织整改,整改完善后方可进行拆除作业。

3.0.8 悬挑式脚手架底部及作业层与外墙之间的间隙应封堵严密且牢固可靠。应采用阻燃材料对悬挑式脚手架外侧及底部进行封挡,底部应硬封闭并兜网。

3.0.9 悬挑式脚手架临时用电、架体接地、避雷等,应按现行行业标准《施工现场临时用电安全技术规范》JGJ 46 的规定执行。

3.0.10 悬挑式脚手架上进行动火作业,应有审批手续,有可靠的防火措施,有专人监护。

4 设计计算

4.1 一般规定

4.1.1 悬挑式脚手架主要构件应进行下列受力计算：
  1 型钢支承架的强度、变形和稳定性。
  2 型钢支承架的连接强度。
  3 连墙件承载的能力。
  4 型钢支承架上部架体的结构强度和稳定性。

4.1.2 型钢支承架与主体结构连接部位的承载能力应进行计算。

4.1.3 计算型钢支承架的强度、变形、稳定性及连接强度时，永久荷载分项系数应取 1.35，可变荷载分项系数应取 1.4。

4.1.4 悬挑式脚手架的设计除应满足计算要求外，还应符合有关构造要求。

4.2 荷 载

4.2.1 作用在悬挑式脚手架上的荷载可分为永久荷载（恒荷载）与可变荷载（活荷载）。
  1 永久荷载（恒荷载）可分为：
    1）悬挑式脚手架结构自重，包括型钢支承架、上部架体结构和连接件等；
    2）构、配件自重，包括脚手板、挡脚板、栏杆、安全网等防护设施。

2 可变荷载(活荷载)可分为:
  1) 施工荷载,包括作业层上的人员、器具和材料等;
  2) 风荷载。

4.2.2 荷载标准值应符合下列规定:

1 永久荷载(恒荷载)中悬挑式脚手架结构及构、配件自重应按实际设置情况进行计算。

2 可变荷载(活荷载)中施工荷载应按均布荷载进行其标准值的确定,应按表 4.2.2-1 采用;在脚手架上同时有两个或两个以上作业层时,在同一个跨距内各作业层的施工均布荷载标准值总和应按不小于 5 kN/m² 计算。

表 4.2.2-1 施工均布荷载标准值

类别	标准值(kN/m²)
装修脚手架	2.0
混凝土、砌筑结构脚手架	3.0
轻型钢结构及空间网络结构脚手架	2.0
普通钢结构脚手架	3.0

3 作用于脚手架的水平风荷载标准值应按下式计算:

$$\omega_k = \mu_z \cdot \mu_s \cdot \omega_0 \quad (4.2.2)$$

式中:ω_k——风荷载标准值(kN/m²);

μ_z——风压高度变化系数,按现行国家标准《建筑结构荷载规范》GB 50009 的规定采用;

μ_s——脚手架风荷载体型系数,参见表 4.2.2-2;

ω_0——基本风压(kN/m²),按现行国家标准《建筑结构荷载规范》GB 50009 的规定采用,取重现期 $n=10$ 对应的风压值。

表 4.2.2-2 脚手架的风荷载体型系数 μ_s

背靠建筑物的状况		全封闭墙	敞开、框架和开洞墙
脚手架状况	全封闭、半封闭	1.0ϕ	1.3ϕ
	敞开	μ_{stw}	

注：1 ϕ 为挡风系数，$\phi=1.2A_n/A_w$。其中，A_n 为挡风面积；A_w 为迎风面积。
   2 μ_{stw} 值可将脚手架视为桁架，按现行国家标准《建筑结构荷载规范》GB 50009 的规定计算。

4 设计悬挑式脚手架的承载构件时，应根据使用过程中最不利情况进行计算。型钢支承架和连墙件的荷载效应组合按表 4.2.2-3 采用；型钢支承架上部架体可选用不同形式的脚手架，其计算应符合相应形式脚手架标准的规定。

表 4.2.2-3 荷载效应组合

计算项目	荷载效应组合
型钢支承架的强度、变形和稳定性	永久荷载＋施工均布荷载＋风荷载
连墙件承载力	风荷载＋3 kN

4.3 设计指标

4.3.1 悬挑式脚手架型钢支承架钢材宜选用 Q235B 或 Q345B，钢材的设计用强度指标应按表 4.3.1 采用。

表 4.3.1 钢材的设计用强度指标（N/mm²）

钢材		抗拉、抗弯、抗压 f	抗剪 f_v	端面承压（刨平顶紧）f_{ce}
牌号	厚度或直径（mm）			
Q235B	≤16	215	125	320
	＞16,≤30	205	120	
Q345B	≤16	305	175	400
	＞16,≤30	290	170	

4.3.2 型钢支承架受压构件的长细比不应超过表4.3.2规定的容许值。

表4.3.2 型钢支承架受压构件的容许长细比 $[\lambda]$

构件类型	容许长细比 $[\lambda]$
受压构件	150

4.3.3 型钢支承架受弯构件的容许挠度值不应超过表4.3.3的规定。

表4.3.3 型钢支承架受弯构件的容许挠度值 $[v]$

构件类型		容许挠度 $[v]$
型钢支承架	悬臂式	$L/400$
	非悬臂式	$L/250$

注：L 为受弯构件的跨度(对悬臂式为悬伸长度的2倍)。

4.3.4 焊缝的强度指标应按表4.3.4采用。

表4.3.4 焊缝的强度指标(N/mm^2)

焊接方法和焊条型号	钢号	厚度或直径(mm)	对接焊缝				角焊缝
			焊缝质量为下列等级时，抗拉 f_t^w		抗压 f_c^w	抗剪 f_v^w	抗拉、抗压和抗剪 f_f^w
			一级、二级	三级			
自动焊、半自动焊和E43型焊条的手工焊	Q235B	≤16	215	185	215	125	160
		>16，≤40	205	175	205	120	
自动焊、半自动焊和E50型焊条的手工焊	Q345B	≤16	305	260	305	175	200
		>16，≤40	295	250	295	170	

4.3.5 螺栓连接强度指标应按表 4.3.5 采用。

表 4.3.5 螺栓连接的强度指标（N/mm²）

性能等级	抗拉 f_t^b	抗剪 f_v^b
4.6 级	170	140
4.8 级	170	140
8.8 级	400	250

4.3.6 扣件承载力指标应按表 4.3.6 采用。

表 4.3.6 扣件承载力指标（kN）

直角扣件或旋转扣件数量	承载力指标
单扣件	8
双扣件	12

注：螺栓拧紧扭力矩值不应小于 40 N·m，且不应大于 65 N·m。

4.4 型钢支承架的设计计算

4.4.1 悬挑式脚手架应根据型钢支承架的不同结构形式，按现行国家标准《钢结构设计标准》GB 50017 对其主要受力构件和连接件分别进行以下验算：

1 抗弯构件应验算抗弯强度、抗剪强度、挠度。
2 抗压构件应验算抗压强度和稳定性。
3 抗拉构件应验算抗拉强度。
4 焊缝、螺栓或销轴的连接强度。
5 预埋件的抗拉、抗压、抗剪强度。

4.4.2 传递到型钢支承架上的立杆轴向力设计值 N 应按下式计算：

$$N = 1.35(N_{G1K} + N_{G2K}) + 1.4 \sum N_{QK} \quad (4.4.2)$$

式中：N_{G1K}——脚手架结构自重标准值产生的轴向力；
　　　N_{G2K}——构配件自重标准值产生的轴向力；
　　　N_{QK}——施工荷载标准值产生的轴向力总和，内、外立杆可分别按一纵（跨）距内施工荷载总和的 1/2 取值。

4.4.3 型钢支承架的抗弯强度应按下式计算：

$$\sigma = \frac{M_{\max}}{W} \leqslant f \tag{4.4.3}$$

式中：σ——正应力；
　　　$M_{\max}$——计算截面弯矩最大设计值；
　　　W——截面模量，按实际采用型钢型号取值；
　　　f——钢材的抗弯强度指标。

4.4.4 型钢支承架的抗剪强度应按下式计算：

$$\tau = \frac{V_{\max} S}{I t_w} \leqslant f_v \tag{4.4.4}$$

式中：τ——剪应力；
　　　$V_{\max}$——计算截面沿腹板平面作用的剪力最大值；
　　　S——计算剪应力处毛截面面积矩；
　　　I——毛截面惯性矩；
　　　t_w——型钢腹板厚度；
　　　f_v——钢材的抗剪强度指标。

4.4.5 当型钢支承架同时受到正应力及剪应力时，应根据最大剪应力理论按下式进行折算应力验算：

$$\sqrt{\sigma^2 + 3\tau^2} \leqslant f \tag{4.4.5-1}$$

式中：σ——腹板计算高度边缘同一点上同时产生的正应力；
　　　τ——腹板计算高度边缘同一点上同时产生的剪应力，τ 应按本标准第 4.4.4 条的规定计算。

正应力 σ 应按下式计算：

$$\sigma = \frac{M}{I_n} y_1 \qquad (4.4.5\text{-}2)$$

式中：σ——正应力；
　　　M——计算截面弯矩；
　　　I_n——梁净截面惯性矩；
　　　y_1——计算点至型钢中和轴的距离。

4.4.6 型钢支承架受压构件的稳定性应按下式计算：

$$\sigma = \frac{N}{\varphi A} \leqslant f \qquad (4.4.6)$$

式中：σ——正应力；
　　　f——钢材的抗压强度指标；
　　　N——计算截面轴向压力最大设计值；
　　　φ——稳定系数，根据压杆长细比按现行国家标准《钢结构设计标准》GB 50017 中相关规定采用；
　　　A——计算截面面积。

5 结构构造

5.1 一般规定

5.1.1 型钢支承架应具有保证稳定的构造措施及承载能力。主体结构应满足设计强度要求。

5.1.2 悬挑式脚手架的型钢支承架上部架体可选用扣件、碗扣、承插盘扣或门式钢管脚手架等,其构造应符合本标准及相应形式脚手架标准的规定要求。

5.1.3 型钢支承架与上部架体应可靠连接,形成整体稳定结构。脚手架的立杆底部对应的型钢支承架(或纵向钢梁)上应设置底支座,通过底支座定位立杆位置(可参照本标准附录 B 中图 B-11)。

5.1.4 型钢支承架上部架体与主体结构应有可靠的刚性连接,符合悬挑式脚手架专项方案中连墙件布置图及构造详图要求。

5.1.5 塔式起重机、施工升降机等需要隔断脚手架体的部位,应对该部位架体采取增设斜撑和连墙件等加固措施。

5.2 型钢支承架

5.2.1 悬挑式脚手架底部的型钢支承架可采用悬臂钢梁式、下撑或上拉钢三角架式(详见本标准附录 B 中图 B-1～图 B-7)。悬臂钢梁式的固定段长度不宜小于悬挑段长度的 1.25 倍,应符合设计要求;下撑或上拉钢三角架式在超大悬挑长度时,可采取双支撑或双拉杆措施并进行验算。

5.2.2 型钢支承架与上部架体连接的主梁或纵向钢梁宜采用双轴对称截面的构件,型钢支承架构件及其与主体结构连接件应由设计确定。悬臂钢梁式采用工字型截面时,截面高度不宜小于 160 mm。

5.2.3 型钢支承架固定在主体结构上,与主体结构的连接可采用预埋圆钢固定、对穿螺栓固定或预埋钢板焊接固定等方法。预埋圆钢或钢板的锚固应符合现行国家标准《混凝土结构设计规范》GB 50010 中的相关要求。

5.2.4 型钢支承架与预埋件焊接连接时,必须采用与主体钢材匹配的焊条,焊缝应符合设计要求。

5.2.5 型钢支承架纵向间距宜与上方架体立杆纵距对应,当型钢支承架纵向间距与上方架体立杆纵距不能对应时,应设置纵向钢梁(详见本标准附录 B 中图 B-8 和图 B-9)。纵向钢梁与型钢支承架之间应连接可靠。

5.2.6 型钢支承架采用上拉钢三角架形式时,应采用圆钢作为拉杆,拉杆应设置具备锁紧功能的长度调节装置,拉杆与水平钢梁的夹角不应小于 45°,圆钢拉杆直径不宜小于 20 mm,材质应不低于 Q235B。拉杆作用位置应尽可能与水平钢梁轴线一致。当拉杆作用位置不能与水平钢梁轴线保持一致时,应采取保证其吊拉不偏转的有效措施。

5.2.7 钢丝绳等柔性材料可作为型钢支承架的受拉件,但不参与受力计算,只作为保险措施。

5.3 连墙件

5.3.1 连墙件的布置间距除应满足计算要求外,尚应符合表 5.3.1 的规定。

表 5.3.1 连墙件布置最大间距

竖向间距(m)	水平间距(m)	每根连墙件覆盖面积(m^2)
$\leqslant 2h$	$\leqslant 3L_a$	$\leqslant 27$

注:h—立杆步距;L_a—立杆纵距。

5.3.2 连墙件必须采用刚性结构件，严禁使用柔性材料。连墙件设置点宜优先采用菱形布置，也可采用矩形布置。连墙件宜靠近架体主节点设置，偏离主节点的距离应不大于 300 mm。

5.3.3 连墙件应从架体底部第一步下方主节点开始设置。主体结构阳角或阴角部位，两个方向均应设置连墙件。

5.3.4 连墙件中的连墙杆宜与主体结构面垂直设置，当不能垂直设置时，连墙件与脚手架连接的一端应不高于与主体结构连接的一端。

5.3.5 一字形、开口形脚手架的端部必须设置连墙件，其竖向间距不应大于建筑物的层高，且不应大于 2 步。

5.3.6 连墙件可采用预埋钢管、预埋钢板等形式固定，能传递拉力和压力。

5.4 剪刀撑与斜撑

5.4.1 扣件式钢管脚手架架体外立面沿全高和全长应连续设置剪刀撑；每道剪刀撑宽度不得大于 6 m，与纵向水平杆夹角应在 45°～60°之间。其他架体形式按相应标准要求。

5.4.2 剪刀撑斜杆应采用旋转扣件与立杆或伸出的横向水平杆进行连接，旋转扣件中心线至主节点的距离不宜大于 150 mm；剪刀撑斜杆的接长应采用搭接，搭接长度不应小于 1 m，应采用不少于 2 个旋转扣件可靠固定，端部扣件盖板的边缘至杆端距离不应小于 100 mm。

5.4.3 一字形、开口形钢管脚手架的端部必须设置横向斜撑，中间应每隔不大于 6 个立杆纵距设置一道横向斜撑，同时该位置及端部应设置连墙件；转角位置可设置横向和纵向斜撑作为加固。横向和纵向斜撑应由底至顶呈之字形连续布置。未铺设脚手板的架体水平层应每 5 跨设置一道水平斜撑。

5.5 防护网、脚手板、斜道和钢梯

5.5.1 悬挑式脚手架沿架体外围及底部应采用密目式安全网封挡，底部应采用脚手板封闭并加设安全平网。

5.5.2 悬挑式脚手架底层及作业层应满铺脚手板，脚手板宜采用轻质金属材料或其他阻燃材料。当采用竹笆或木板等可燃性材料时，应采取"三步一隔离"措施，隔离层应采用轻质金属材料或其他阻燃材料。

5.5.3 人员进出脚手架作业层一般由楼层出入，需要时，可设置上、下斜道或挂扣式钢梯。

5.5.4 斜道应附着外脚手架或建筑物设置。人行斜道宽度不应小于1 m，坡度不应大于1∶3并应有防滑措施；悬挑架上不宜设置运料斜道。高度不大于6 m时，宜采用一字形斜道；高度大于6 m时，宜采用之字形斜道。

5.5.5 挂扣式钢梯应设置在脚手架内，钢梯宽度可为廊道宽度的1/2，钢梯与架体挂扣牢固。钢梯位置应交错布置，一个梯段不宜跨越超过三步，出入口部位应设置安全围挡。

6 搭设、使用与拆卸

6.1 一般规定

6.1.1 悬挑式脚手架作业人员应持证上岗,正确使用安全帽、安全带及防滑鞋等劳动防护用品。

6.1.2 悬挑式脚手架搭拆作业区下方及外侧应有防止坠物伤人的临时围挡等安全防护措施和警示标志,对应的地面位置应有专人监护。

6.1.3 预埋件等隐蔽工程应严格按设计要求进行过程验收,过程验收应有记录。

6.1.4 悬挑式脚手架搭设时,型钢支承架、连墙件等对应的主体结构承载能力应满足设计要求。安装型钢支承架时,其固定部位的主体结构混凝土强度不得低于 10 MPa;搭设脚手架时,架体连墙拉结固定部位的主体结构混凝土强度不得低于 15 MPa。连墙件的安装应与架体同步进行,严禁后安装。

6.2 搭 设

6.2.1 悬挑式脚手架搭设前,应按专项施工方案要求对参加搭设人员进行安全技术交底。

6.2.2 悬挑式脚手架搭设过程中,应保证搭设人员有安全的作业位置,安全设施及措施应齐全。

6.2.3 型钢支承架、纵向钢梁应按设计的施工平面布置图准确就位、安装牢固。安装过程中,应随时检查构件型号、规格、安装位置的准确性、螺栓紧固情况及焊接质量。悬臂式型钢支承架安装时,应对悬伸端采取预起拱的措施,预起拱量应按专项施工方案设计计算值确定并符合现行国家标准《钢结构设计标准》GB 50017中的相关要求。

6.2.4 悬挑式脚手架的特殊部位(如阳台、转角、采光井、架体开口处等),必须严格按专项施工方案和安全技术措施的要求施工。

6.2.5 脚手架搭设进度应符合下列规定:

1 脚手架搭设必须配合施工进度进行,一次搭设高度超过两步应设置连墙件。

2 脚手架搭设过程中,应及时安装连墙件或与主体结构临时拉结。

3 脚手架每搭设完一步,应按照规定及时校正步距、纵距、横距和立杆垂直度。

4 剪刀撑、斜撑等应随立杆、纵向水平杆、横向水平杆同步搭设。

6.2.6 对没有完成的外架,在每日收工时,应确保架子稳定,必要时,可采取临时固定措施。

6.2.7 搭设过程中应按本标准附录A中第7~10项的要求及时校正步距、纵距、横距及立杆垂直度。每搭设完成一个楼层高度后应按本标准附录A中第4~17项的要求进行检查验收,检查验收合格后方可继续搭设。

6.3 使 用

6.3.1 悬挑式脚手架搭设完毕投入使用前,应按专项施工方案及本标准附录A的要求进行验收,验收合格后方可投入使用。

6.3.2 悬挑式脚手架在使用过程中,架体上的施工荷载必须符合设计要求,结构施工阶段不得超过2层同时作业,装修施工阶段不得超过3层同时作业,在同一个跨距内各作业层施工均布荷载总和不得超过 5 kN/m², 集中堆载不得超过 3 kN。

6.3.3 严禁随意扩大悬挑式脚手架的使用范围,严禁进行下列作业:

    1 利用架体吊运物料。
    2 在架体上推车。
    3 拆除架体结构件或连接件。
    4 拆除或移动架体上的安全防护设施。
    5 其他影响悬挑式脚手架使用安全的作业。

6.3.4 在脚手架上进行电、气焊作业时,必须有防火防触电措施和安全监护。

6.3.5 六级(含六级)以上大风、雷雨、大雾、大雪等不利天气情况下,严禁继续在脚手架上作业。雨、雪后上架作业前应清除积水、积雪,并应有防滑措施。夜间施工应提供足够的照明并采取必要的安全措施。

6.3.6 悬挑式脚手架在使用过程中,应按本标准附录 A 中第 4～17 项的要求定期(一个月不少于 1 次)进行安全检查。检查不合格的,应及时整改,整改合格后方可继续使用。

6.3.7 悬挑式脚手架停用时间超过一个月、遇六级(含六级)以上大风或大雨(雪)后,应按本标准附录 A 中第 4～17 项的要求进行安全检查,检查合格后方可继续使用。

6.3.8 严禁将模板及支架、缆风绳、混凝土浇筑输送管道、卸料平台等搁置或固定在脚手架上。

6.4 拆 卸

6.4.1 拆卸作业前,应按专项施工方案要求对参加拆卸人员进行安全技术交底。

6.4.2 拆除脚手架前,应全面检查脚手架的扣件、连墙件、支撑体系等是否符合构造要求,同时应清除脚手架上的杂物及影响拆卸作业的障碍物。

6.4.3 拆卸作业时,应有统一指挥和专职监护,严格执行专项施工方案,保证拆卸人员有安全的作业位置,安全设施及措施应齐全。

6.4.4 拆卸作业应由上而下逐层拆除,严禁上、下同时作业。

6.4.5 拆卸作业时,连墙件应随脚手架逐层拆除,严禁先将连墙件整层或数层拆除后再拆脚手架。

6.4.6 当脚手架采取分段、分立面拆除时,应事先制定技术方案,对暂不拆除的脚手架两端必须采取加固措施。

6.4.7 卸料时应符合下列要求:

　　1 拆除作业应有可靠措施防止人员与物料坠落,拆除的构配件应传递或吊运至地面,严禁抛掷。

　　2 运至地面的构配件应及时检查、修整和保养,按不同品种、规格分类并有序存放,存放场地应保持干燥。

7 检查和验收

7.0.1 悬挑式脚手架搭设过程中、搭设完毕后投入使用前、使用过程中及拆卸前均应进行检查或验收。

7.0.2 悬挑式脚手架采用的型钢应符合下列要求：

 1 型钢应有产品质量合格证、质量检验报告等质量证明材料。

 2 型钢使用前必须进行检查，严禁使用有裂缝、明显变形或严重锈蚀的型钢。

 3 型钢使用前，应进行防锈处理。

7.0.3 型钢支承架应有制作质量验收合格证明。型钢支承架上应设置立杆定位固定装置。

7.0.4 悬挑式脚手架采用的螺栓、预埋件等应有产品质量合格证等质量证明材料，使用前必须进行检查，隐蔽工程应有验收记录。

7.0.5 悬挑式脚手架采用的脚手钢管应符合下列要求：

 1 钢管应有产品质量合格证、质量检验报告等质量证明材料。

 2 钢管表面应平直光滑，不应有裂缝、结疤、分层、错位、硬弯、毛刺、压痕和深的划道。

 3 钢管使用前应对其壁厚进行抽检，抽检比例不应低于30%，对于壁厚减小量超过10%的应予以报废，不合格比例大于10%的应扩大抽检比例，扩大抽检比例应不少于30%。

 4 钢管必须进行防锈处理。

7.0.6 悬挑式脚手架采用的扣件必须符合下列要求：

 1 扣件必须有生产许可证、检测报告和产品质量合格证等质量证明材料。

2 扣件使用前必须进行检查,严禁使用有裂缝、明显变形或严重锈蚀的扣件,出现滑丝的螺栓螺母必须更换。

3 扣件使用前,应进行防锈处理。

7.0.7 悬挑式脚手架搭设完成后应检验的主要项目、检验要求和方法等见本标准附录 A。

附录 A 悬挑式脚手架检查和验收项目、要求及方法

表 A 悬挑式脚手架检查和验收项目、要求及方法

序号	项目		要求	检验方法	备注
1	型钢、螺栓、钢管、扣件的质量证明材料		须有产品质量合格证、质量检验报告和制作质量合格证明	查阅资料	扣件须提供生产许可证
2	专项施工方案		须有审批手续	查阅资料	
3	螺栓、预埋件隐蔽工程		须有验收手续	查阅资料	
4	型钢支承架		符合设计要求	钢尺测量、目测	须提供质量验收合格证明
5	型钢支承架与建筑物的连接		符合设计要求	目测	
6	焊接质量		符合设计要求。焊缝表面应平整，无可见裂纹、气孔、夹渣、漏焊等明显缺陷	钢尺测量、目测	必要时，可进行无损探伤检查
7	立杆垂直度偏差		≤3‰	经纬仪或垂线和钢尺测量	
8	杆容件许间偏距差	步距	±20 mm	钢尺测量	
9		纵距		钢尺测量	
10		横距	±20 mm	钢尺测量	

续表A

序号	项目	要求	检验方法	备注
11	剪刀撑水平夹角	45°～60°	角尺测量	
12	连墙件	符合标准及设计要求	钢尺测量、目测	
13	脚手板	固定可靠,铺设严密,无探头板	目测	
14	作业层外侧防护栏杆、踢脚板	符合标准及设计要求	钢尺测量、目测	
15	防护	符合标准及设计要求	目测	
16	扣件拧紧力矩	40 N·m～65 N·m	力矩扳手测量	扣件数量(个) / 抽检数(个) / 允许不合格数 51～90 / 5 / 0 91～150 / 8 / 1 151～280 / 13 / 1 281～500 / 20 / 2 501～1 200 / 32 / 3 1 201～3 200 / 50 / 5
17	钢管壁厚允许偏差	≤10%	测厚仪测量	按30%比例抽检,不合格比例大于10%时应扩大抽检比例,扩大抽检比例应不低于30%

附录 B 常用悬挑式脚手架型钢支承架的几种形式及其力学模式

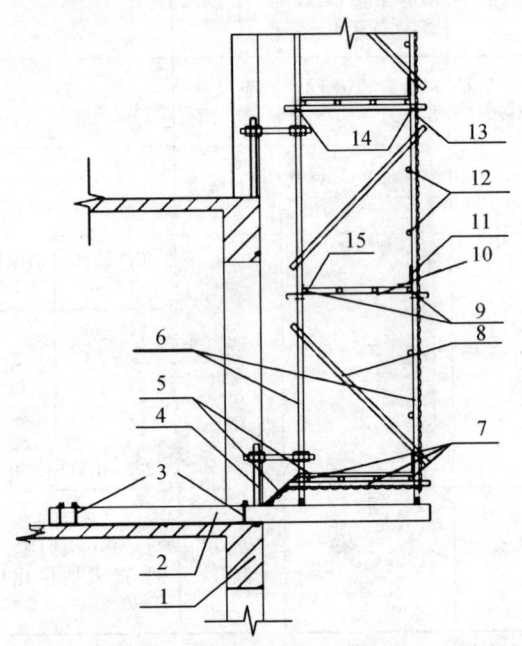

1—主体结构；2—悬臂钢梁；3—支承点；4—连墙件；5—底部封闭；6—立杆；
7—扫地杆；8—横向斜撑；9—纵向水平杆；10—横向水平杆；11—挡脚板；
12—防护栏杆；13—安全网；14—主节点；15—脚手板

图 B-1 悬臂钢梁式

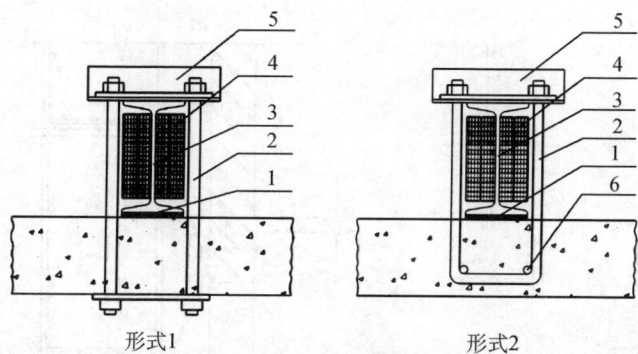

形式1　　　　　　　　　　　　形式2

1—钢垫板；2—螺栓杆；3—悬臂钢梁；4—硬质楔紧块；5—角钢；6—锚固钢筋

图 B-2　支承点构造形式

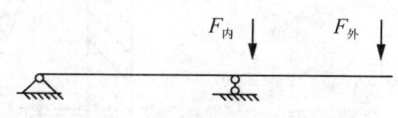

图 B-3　悬臂钢梁式力学模式

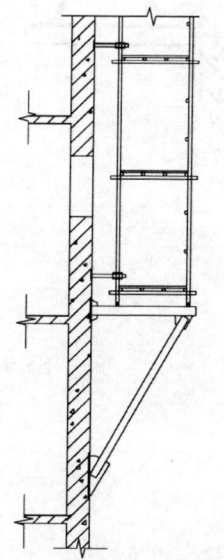

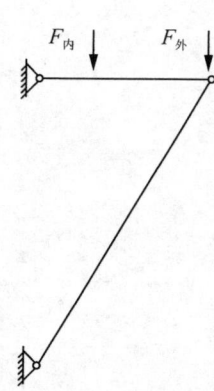

图 B-4　下撑钢三角架式　　　**图 B-5　下撑钢三角架式力学模式**

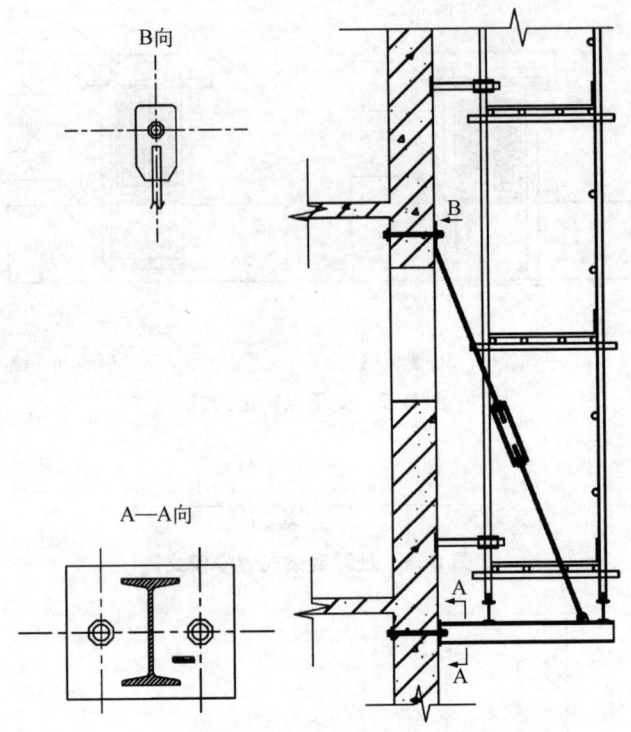

图 B-6 上拉钢三角架式

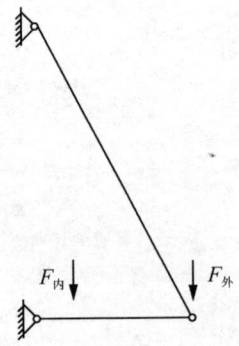

图 B-7 上拉钢三角架式力学模式

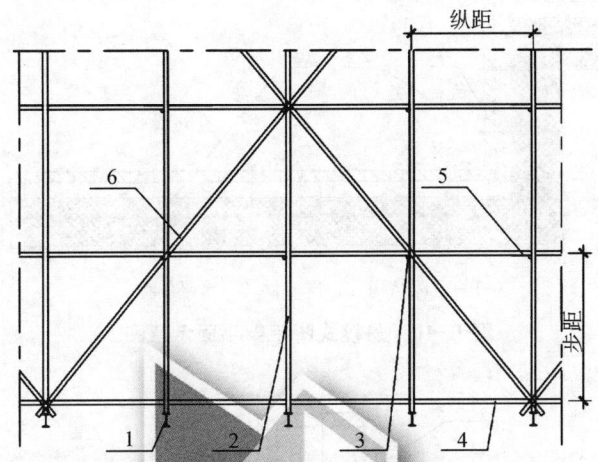

1—型钢支承架;2—立杆;3—横向水平杆;4—扫地杆;5—纵向水平杆;6—横向斜撑

图 B-8 悬挑式脚手架外立面示意图 1(立杆直接作用在型钢支承架上)

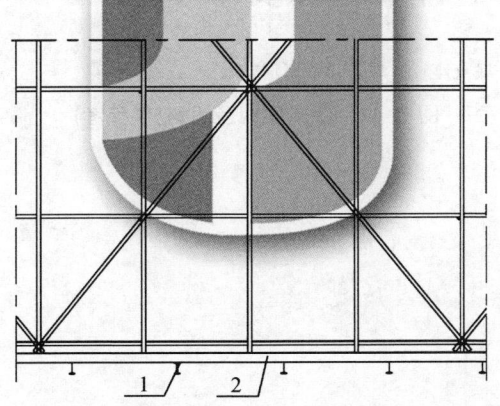

1—型钢支承架;2—纵向钢梁

图 B-9 悬挑式脚手架外立面示意图 2(立杆作用在纵向钢梁上)

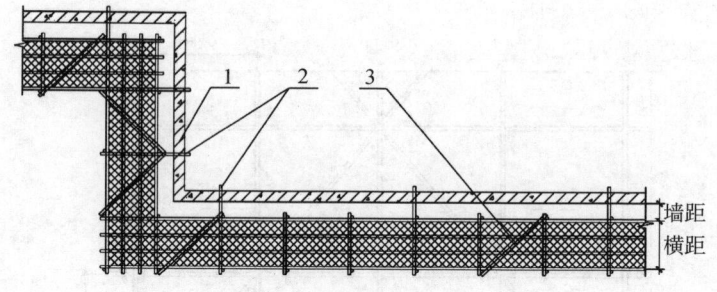

1—主体结构；2—连墙件；3—水平斜撑

图 B-10　悬挑式脚手架平面示意图

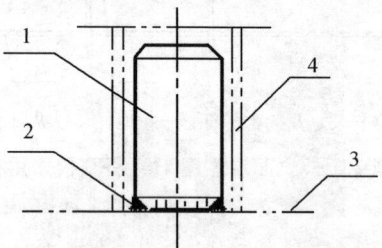

1—底支座；2—焊缝；3—型钢支承架（或纵向钢梁）；4—立杆

图 B-11　底支座构造图例（供参考）

本标准用词说明

1 为便于在执行本标准条文时区别对待,对要求严格程度不同的用词说明如下:
   1) 表示很严格,非这样做不可的用词:
      正面词采用"必须";
      反面词采用"严禁"。
   2) 表示严格,在正常情况下均应这样做的用词:
      正面词采用"应";
      反面词采用"不应"或"不得"。
   3) 表示允许稍有选择,在条件许可时首先应这样做的用词:
      正面词采用"宜";
      反面词采用"不宜"。
   4) 表示有选择,在一定条件下可以这样做的用词,采用"可"。

2 条文中指明应按其他有关标准执行的写法为"应符合……的规定"或"应按……执行。"

引用标准名录

1. 《碳素结构钢》GB/T 700
2. 《钢管脚手架扣件》GB 15831
3. 《建筑结构荷载规范》GB 50009
4. 《混凝土结构设计规范》GB 50010
5. 《钢结构设计标准》GB 50017
6. 《钢结构工程施工质量验收规范》GB 50205
7. 《钢结构工程施工规范》GB 50755
8. 《建筑施工脚手架安全技术统一标准》GB 51210
9. 《施工现场临时用电安全技术规范》JGJ 46
10. 《建筑施工安全检查标准》JGJ 59
11. 《建筑施工门式钢管脚手架安全技术规范》JGJ 128
12. 《建筑施工扣件式钢管脚手架安全技术规范》JGJ 130
13. 《建筑施工碗扣式钢管脚手架安全技术规范》JGJ 166
14. 《建筑施工承插型盘扣式钢管支架安全技术规范》JGJ 231
15. 《钢管扣件式模板垂直支撑系统安全技术规程》DG/TJ 08—016

上海市工程建设规范

悬挑式脚手架安全技术标准

DG/TJ 08—2002—2020
J 10885—2020

条文说明

2021　上海

目　次

1 总　则 ………………………………………………… 37
4 设计计算 ……………………………………………… 38
　4.1 一般规定 ………………………………………… 38
　4.2 荷　载 …………………………………………… 38
　4.3 设计指标 ………………………………………… 39
　4.4 型钢支承架的设计计算 ………………………… 39
5 结构构造 ……………………………………………… 40
　5.1 一般规定 ………………………………………… 40
　5.2 型钢支承架 ……………………………………… 40
　5.3 连墙件 …………………………………………… 41
6 搭设、使用与拆卸 …………………………………… 42
　6.2 搭　设 …………………………………………… 42
　6.3 使　用 …………………………………………… 42
　6.4 拆　卸 …………………………………………… 42

Contents

1 General provisions ·· 37
4 Design calculation ·· 38
   4.1 General requirements ·· 38
   4.2 Load ·· 38
   4.3 Design index ·· 39
   4.4 Design and calculation of steel support frame ······ 39
5 Structural construction ·· 40
   5.1 General requirements ·· 40
   5.2 Steel support frame ·· 40
   5.3 Continuous wall pole ·· 41
6 Erection, use and dismantlement ······························· 42
   6.2 Erection ·· 42
   6.3 Use ·· 42
   6.4 Dismantlement ·· 42

1 总　则

1.0.2 对高度超过 100 m 或每道型钢支承架上部的架体高度大于 20 m 的悬挑式脚手架，应对其风荷载取值、架体及连墙件构造等方面进行专门研究后作出相应的加强设计。

一般情况下，超过 100 m 的外墙脚手架，大多数采用电动升降架(俗称爬架)、组合式升模系统(又称爬模、滑模等)或施工升降平台等，其性价比相对较高。

单挑高度过高，将导致型钢支承架及传递到主体结构的荷载增加，型钢支承架结构安全度减小，甚至会超出主体结构的承载能力范围。

4 设计计算

4.1 一般规定

4.1.1 型钢支承架连接主要有焊缝、螺栓及销轴形式,应符合现行国家标准《钢结构设计标准》GB 50017 的要求。

4.1.2 悬臂钢梁式主要验算固定段尾部与主体结构连接位置的承载能力,下撑钢三角架式主要验算水平梁和下支撑与主体结构连接部位的承载能力,上拉钢三角架式主要验算水平梁和上拉杆与主体结构连接部位的承载能力,确保主体结构的承载能力满足安全要求。

4.1.3 悬挑式脚手架的型钢支承架(包括纵向钢梁)的受力情况,永久荷载一定程度上控制着荷载效应的组合,同时考虑外悬挑脚手受外界环境因素的影响较大,宜适当提高安全度,故根据现行国家标准《建筑结构荷载规范》GB 50009 的规定,取永久荷载的分项系数为 1.35。

4.2 荷 载

4.2.2 根据建(构)筑物所处的不同地貌特征、脚手架的搭设所处的高度等因素,确定风荷载不同系数的取值,详见现行国家标准《建筑结构荷载规范》GB 50009。型钢支承架强度、变形和稳定性的荷载效应组合中的风荷载是指型钢支承架实际承受的风荷载,该荷载与永久荷载和施工均布荷载比较所占的比值很小,计算时,在保证型钢支承架结构足够安全度的情况下可考虑取舍。

4.3 设计指标

4.3.3 表4.3.3中有关容许挠度控制值参考了现行国家标准《钢结构设计标准》GB 50017。

4.4 型钢支承架的设计计算

4.4.3~4.4.5 根据型钢支承架的不同结构形式,悬臂钢梁式应计算并绘制出钢梁的弯矩图和剪力图,分别取弯矩、剪力最大值验算,同时取弯矩与剪力共有的较大值处(一般为悬臂根部及内立杆位置),采用材料力学第三强度理论进行局部复合力的叠加验算,为保证结构安全三者缺一不可;下撑钢三角架式应分别对水平钢梁、下撑杆及其连接进行验算,上拉钢三角架式应分别对水平钢梁、上拉杆及其连接进行验算,连接强度应不低于母材结构强度。

5 结构构造

5.1 一般规定

5.1.1 悬挑式脚手架的型钢支承架主要承受上部架体自重及施工荷载，上部架体自重及施工荷载通过型钢支承架传递到主体结构。

5.1.2 规定了型钢支承架上部架体的基本要求。

5.1.3 规定了型钢支承架与上部架体之间的连接要求。

5.1.4 规定了上部架体与主体结构之间的连接要求。

5.1.5 规定了常见的塔机和施工升降机与架体之间的特殊部位加固要求。

5.2 型钢支承架

5.2.1 本标准附录 B 列出了型钢支承架常见的悬臂钢梁、下撑或上拉钢三角架三种结构形式，型钢支承架可结合实际工程选用不同结构形式进行设计。悬臂钢梁形式可根据楼板承载能力设计固定段长度，一般不小于 1.25 倍悬挑段长度；下撑钢三角架形式如采用现场焊接安装，应采取措施（如预设连接板等）避免仰焊等不方便操作且不容易保证连接强度的构造形式。一般悬挑长度在 1.5 m 以内，超大悬挑长度指超过 1.8 m 以上的转角、阳台等特殊部位，可采取双支撑或双拉杆等加固加强措施并进行验算。

5.2.4 焊缝厚度根据预埋件和型钢壁厚确定，宜采用满焊，焊缝须饱满。

5.2.6～5.2.7 钢丝绳等柔性材料受现场环境影响较大,容易锈蚀损伤,可作为各种形式型钢支承架的卸载保险措施,增加安全度,但不参与受力计算。悬臂钢梁式如采用上拉形式,无论是采用刚拉杆还是钢丝绳等柔性材料,只可作为保险措施,不参与受力计算。上拉钢三角架形式中的拉杆是必不可少的构件,是结构稳定的必要条件,构造设计时须确保其具有足够的安全度。

5.3 连墙件

5.3.1～5.3.6 连墙件的形式及布置位置根据现场不同的情况确定,同时务必做到无遗漏区域,严格控制最大间距。连墙件应有足够的强度和刚度,连墙件宜靠近主节点,在主体结构阳角或阴角部位,两个方向均应设置连墙件,对脚手架的受力更为有利。如连墙件预埋在混凝土内,必须要考虑搭设脚手架时该预埋处混凝土达到设计规定的强度。

6 搭设、使用与拆卸

6.2 搭 设

6.2.1～6.2.7 规定了悬挑式脚手架的搭设要求和相关注意事项，以保证脚手架搭设中的稳定及防止累计偏差超标。

6.3 使 用

6.3.3 悬挑式脚手架在使用期间，严禁进行任何可能影响悬挑式脚手架安全的违章作业。严禁任意拆除悬挑承力架构件、松动吊拉构件调紧装置，改变其受力状态，导致降低其承载能力。严禁任意拆除主节点处的纵向水平杆、横向水平杆和连墙件等。

6.4 拆 卸

6.4.7 拆除时随意抛掷，既不安全又容易造成结构件损坏。存放场地干燥、通风，可防止构配件锈蚀。